BEI GRIN MACHT SICH IHR WISSEN BEZAHLT

Franziska Kock

Vollständige Induktion

GRIN Verlag

Bibliografische Information der Deutschen Nationalbibliothek:

Die Deutsche Bibliothek verzeichnet diese Publikation in der Deutschen National-
bibliografie; detaillierte bibliografische Daten sind im Internet über http://dnb.d-
nb.de/ abrufbar.

Dieses Werk sowie alle darin enthaltenen einzelnen Beiträge und Abbildungen
sind urheberrechtlich geschützt. Jede Verwertung, die nicht ausdrücklich vom
Urheberrechtsschutz zugelassen ist, bedarf der vorherigen Zustimmung des Verla-
ges. Das gilt insbesondere für Vervielfältigungen, Bearbeitungen, Übersetzungen,
Mikroverfilmungen, Auswertungen durch Datenbanken und für die Einspeicherung
und Verarbeitung in elektronische Systeme. Alle Rechte, auch die des auszugsweisen
Nachdrucks, der fotomechanischen Wiedergabe (einschließlich Mikrokopie) sowie
der Auswertung durch Datenbanken oder ähnliche Einrichtungen, vorbehalten.

Impressum:

Copyright © 2012 GRIN Verlag, Open Publishing GmbH
Druck und Bindung: Books on Demand GmbH, Norderstedt Germany
ISBN: 978-3-656-36088-9

Dieses Buch bei GRIN:

http://www.grin.com/de/e-book/202736/vollstaendige-induktion

GRIN - Your knowledge has value

Der GRIN Verlag publiziert seit 1998 wissenschaftliche Arbeiten von Studenten, Hochschullehrern und anderen Akademikern als eBook und gedrucktes Buch. Die Verlagswebsite www.grin.com ist die ideale Plattform zur Veröffentlichung von Hausarbeiten, Abschlussarbeiten, wissenschaftlichen Aufsätzen, Dissertationen und Fachbüchern.

Besuchen Sie uns im Internet:

http://www.grin.com/

http://www.facebook.com/grincom

http://www.twitter.com/grin_com

Vollständige

Induktion

Allgemeine Erklärung

und

spezifische Beispiele

Franziska Kock Q1, Mathematik LK

Schuljahr 2011/2012

Gymnasium Borghorst

Inhaltsverzeichnis

1. Einleitung   S.   2

2. Blaise Pascal   S.   3

3. Das Prinzip der vollständigen Induktion   S.   3

    3.1 Die Axiome nach Peano   S.   3

    3.2 Das Induktionsverfahren   S.   5

4. Anwendungen der vollständigen Induktion   S.   6

    4.1 Summenformel für die Zahlen 1 bis n   S.   6

    4.2 Teilbarkeit durch 47   S.   7

5. Zwei Beweisführungen   S.   8

    5.1 $\sum_{k=1}^{n}(-1)^k * k^2 = (-1)^n * \frac{1}{2} * n * (n+1)$ S.   8

    5.2 $n^2 < 3^n$ S.   10

6. Schluss   S.   11

7. Quellen-/Literaturverzeichnis   S.   11

8. Versicherung   S.   12

9. Anhang   S.   13

1. Einleitung

In der Mathematik stößt man oft auf Zusammenhänge, die zunächst allgemein gültig erscheinen. So begegnet man in der Oberstufe zum Beispiel der Summenformel für die Zahlen 1 bis n. Diese ist beispielsweise für die Berechnung von Ober- und Untersummen unerlässlich. Doch um mit einer solchen Gleichung arbeiten zu können, muss man diese im Vorhinein allgemeingültig beweisen.

Dazu kann man das **Verfahren der vollständigen Induktion** anwenden. Dieses ist eine der grundlegenden Beweismethoden in der Mathematik, mit welcher sich allgemeingültige Aussagen für natürliche Zahlen beweisen lassen.

Seiner Wortherkunft nach (lat. „inductio") bedeutet das Wort Induktion „das Hineinführen"[1] und die Methode der vollständigen Induktion wird oft als Schlussfolgerung „vom Besonderen auf das Allgemeine"[2] definiert. Das Gegenteil hiervon ist die Deduktion, bei der vom „Allgemeinen auf das Einzelne"[3] geschlossen wird. Ein einfaches, erklärendes Beispiel für eine Deduktion wäre zum Beispiel: „Alle Menschen haben einen Kopf. Peter ist ein Mensch. Folgerung: Peter hat einen Kopf"[4]

Anwendungsgebiete für dieses Beweisverfahren finden sich in allen Gebieten der Mathematik wie zum Beispiel der Geometrie, der Mengenlehre oder der Zahlentheorie.

Ich habe mich für dieses Thema entschieden, da ich von einem Freund, der Mathematik studiert, gehört habe, dass das Verfahren der vollständigen Induktion ein sehr interessantes und weitläufiges Thema für eine Facharbeit ist.

Außerdem wollte ich ein Thema bearbeiten, dass nicht an den normalen Schulstoff (Parabeln, Koordinatensysteme, etc.) anknüpft, sondern wollte etwas komplett Neues erarbeiten. Daher

---

[1] Bibliographisches Institut GmbH: Duden online; Herkunft „Induktion". URL: http://www.duden.de/rechtschreibung/Induktion (Stand: 12.3.2012).
[2] Wohlgemuth, Martin: Mathematisch für Anfänger. Heidelberg[2] 2011, S.40.
[3] Ebd.
[4] Wohlgemuth 2011, S.41.

habe ich den Vorschlag meines Freundes angenommen und mich in der folgenden Arbeit mit dem Verfahren der vollständigen Induktion befasst.

2. Blaise Pascal

Blaise Pascal, der von 1623-1662 in Frankreich lebte, ist der Erfinder des Beweisverfahrens der vollständigen Induktion und gehörte zu den bedeutendsten Physikern und Mathematikern seiner Zeit.

Auch schon vor der Erfindung der vollständigen Induktion fiel Blaise Pascal durch sein mathematisches Talent auf. So erfand er mit nur 16 Jahren den Pascalschen Kegelschnittsatz und konstruierte zwei Jahre später eine Rechenmaschine zum Addieren und Subtrahieren. Später beschäftigte er sich zudem mit physikalischen Fragen und erstellte unter anderem Abhandlungen über das Vakuum und die Abhängigkeit des Luftdrucks von der Höhe über dem Erdboden. Wenige Jahre später entwickelte er außerdem das nach ihm benannte Pascalsche Dreieck.

Schließlich entdeckte er das Verfahren der vollständigen Induktion, welches in der „Conséquence douzième des Traité du Triangle Arithmétique" erst nach seinem Tod im Jahre 1665 veröffentlicht wurde. [5]

3. Das Prinzip der vollständigen Induktion

3.1 Die Axiome nach Peano

Der italienische Mathematiker Guiseppe Peano, der von 1858 bis 1932 lebte, definierte im Jahre 1889 fünf Eigenschaften, welche alle natürlichen Zahlen N besitzen. Diese Eigenschaften sind heute unter den *Peano-Axiomen* bekannt.

Da die vollständige Induktion sich auf die natürlichen Zahlen beschränkt, müssen die Objektmegngen die Peano-Axiome erfüllen, um die vollständige Induktion anwenden

---

[5] Walz, Guido (Red.): Lexikon der Mathematik. 6 Bde. Heidelberg/Berlin[1] 2001. Band 3; S.156.

zu können. Die Axiome werden in dieser Facharbeit jedoch als wahr vorausgesetzt und müssen daher nicht bewiesen werden.

Die 5 Axiome der natürlichen Zahlen N nach Peano:

P1:   1 ist eine natürliche Zahl

P2:   Zu jeder Zahl n gibt es eine eindeutig bestimmte natürliche Zahl n*, genannt „der Nachfolger von n".

P3   1 ist nicht der Nachfolger irgendeiner natürlichen Zahl

P4   Zwei natürliche Zahlen n und m, deren Nachfolger gleich sind, d. h. m*=n*, sind selbst gleich, d.h. m=n

P5   Eine Teilmenge T der natürlichen Zahlen, für die i. und ii. gilt, stimmt mit N überein.

    i.   1 gehört zu T
    ii.   Gehört n zu T, dann ist auch der Nachfolger n* von n in T.[6]

Die natürlichen Zahlen werden von verschiedenen Mathematikern unterschiedlich definiert. So zählen manche die Zahl 0 ebenfalls zu den natürlichen Zahlen, wohingegen andere die Zahl 0 ausschließen. In diesen Axiomen wird festgelegt, dass die Zahl 0 keine natürliche Zahl ist (vgl. P3).

---

[6] Wohlgemuth 2011, S.45.

3.2 Das Induktionsverfahren

Bei der vollständigen Induktion muss man immer nach einem bestimmten Schema verfahren:

Zunächst muss gezeigt werden, dass eine Aussage A, welche von einer natürlichen Zahl n abhängt, für ein erstes n_0 gilt. Dieses erste n_0 ist in der Regel $n_0=1$, wobei n hier auch andere Werte annehmen kann, sodass die Aussage für alle natürlichen Zahlen n ab $n_0=x$ bewiesen wird. Dieser Vorgang wird als **Induktionsanfang** bezeichnet.

Der Induktionsanfang gilt als Voraussetzung für den **Induktionsschluss**, denn hiermit wird gezeigt, dass man die Aussage A für n+1 herleiten kann.

Es ist also wichtig, dass der Induktionsanfang richtig ist, da sonst ein falscher Induktionsschluss entsteht. Sei zum Beispiel die Aussage A „3 ist durch 2 ganzzahlig teilbar " als wahrer Induktionsanfang festgelegt, so wäre der richtige Induktionsschluss „5 ist durch 2 ganzzahlig teilbar". Da diese Aussage falsch ist, kann man hier erkennen, dass die Schlussweise zwar richtig war, die Voraussetzung, also der wahre Induktionsanfang, nicht gegeben war.

Da A nun für n_0 bewiesen ist, kann nun die **Induktionsvoraussetzung** formuliert werden, die besagt, dass die Aussage für A(n) wahr ist.

Im Folgenden soll nun gezeigt werden, dass A für alle n $\geq n_0$ gilt. Daher wird die **Induktionsbehauptung** A (n+1) aufgestellt. Nun kann man den Induktionsschluss durchführen und die Aussage für n +1 beweisen.

Wenn A für n=1 gilt, gilt sie ebenfalls für n=2.

Wenn A für n=2 gilt, gilt sie ebenfalls für n=3. Usw.

Dieser Induktionsschluss kann *unendlich oft* angewendet werden. Daher ist die Behauptung A(n $\in$ N) wahr.

Das Verfahren der vollständigen Induktion ist also in vier Schritte gegliedert:

1. Induktionsanfang prüfen: A (n_0)
2. Induktionsvoraussetzung formulieren: A (n)
3. Induktionsbehauptung aufstellen: A (n+1)
4. Induktionsschluss beweisen: A (n ∈ N)

4. Anwendungen der Vollständigen Induktion

4.1 Summenformel für die Zahlen 1 bis n

Beweise: $1 + 2 + 3 + \cdots + n = \sum_{k=1}^{n} k = \frac{n*(n+1)}{2}$

Induktionsanfang:

setze n=1

$$1 = \frac{1 * (1 + 1)}{2}$$

Induktionsvorrausetzung:

$$1 + 2 + 3 + \cdots + n = n * \frac{n * (n + 1)}{2}$$

Induktionsbehauptung: Die Behauptung gelte für ein beliebiges, aber festes n. (n ∈ N)

$$1 + 2 + 3 + \cdots + (n + 1) = (n + 1) * \frac{(n + 1) * (n + 1 + 1)}{2}$$

Induktionsschluss:

$$\sum_{k=1}^{n+1} k = \sum_{k=1}^{n} k + (n + 1)$$

$$= \frac{n*(n+1)}{2} + n + 1$$

$$= \frac{n^2+n}{2} + \frac{2n+2}{2}$$

$$= \frac{n^2+3n+2}{2}$$

$$= \frac{(n+1)*(n+2)}{2}$$

$$= \frac{(n+1)*(n+1+1)}{2} \qquad \text{q.e.d.}[7][8]$$

4.2 Teilbarkeit durch 47

Beweise: 47 ist ein Teiler von $7^{2n} - 2^n$

<u>Induktionsanfang:</u>

setze n=1

$$7^2 - 2^1 = 47$$

<u>Induktionsvoraussetzung:</u>

$$47 \ ist \ ein \ Teiler \ von \ 7^{2n} - 2^n$$

<u>Induktionsbehauptung:</u> Die Behauptung gelte für ein beliebiges, aber festes n. (n ∈ N)

$$47 \ ist \ ein \ Teiler \ von \ 7^{2*(n+1)} - 2^{n+1}$$

<u>Induktionsschluss:</u>

$$7^{2*(n+1)} - 2^{n+1}$$

$$= 7^{2n+2} - 2^{n+1}$$

---

[7] Lat.:quod erat demonstradum → „was zu beweisen war"
[8] Wohlgemuth 2011, S.53.

$$= (7^2)^n * 7^2 - 2^{n+1}$$

Nun wird eine nahrhafte Null „+2-2" ergänzt:

$$= (7^2)^n * (7^2 - 2 + 2) - 2^{n+1}$$

$$= (7^2)^n * (7^2 - 2) + 2 * (7^2)^n - 2^{n+1}$$

$$= (7^2)^n * (7^2 - 2) + 2 * (7^2)^n - 2 * 2^n$$

$$= (7^2)^n * (7^2 - 2) + 2 * ((7^2)^n - 2^n) \text{ q.e.d.}$$

Da beide Summanden einen Faktor enthalten, der gemäß der Induktionsvoraussetzung durch die Zahl 47 teilbar ist, lässt sich der gesamte Ausdruck durch 47 teilen und die Aussage ist damit für alle natürlichen Zahlen n bewiesen.[9]

5. Zwei Beweisführungen

5.1 Beweise: $\sum_{k=1}^{n}(-1)^k * k^2 = (-1)^n * \frac{1}{2} * n * (n+1)$

Induktionsanfang:

setze n=1

$$(-1)^1 * 1^2 = (-1)^1 * \frac{1}{2} * 1 * (1+1)$$

$$-1 * 1 = -1 * \frac{1}{2} * 2$$

$$\boxed{-1 = -1}$$

Induktionsvoraussetzung:

---

[9] Wohlgemuth 2011, S.57.

$$\sum_{k=1}^{n} (-1)^k * k^2 = \sum [(-1)^1 * 1^2] + [(-1)^2 * 2^2] + \cdots + [(-1)^n * n^2]$$

$$= (-1)^n * \frac{1}{2} * n * (n+1)$$

Induktionsbehauptung: Die Behauptung gelte für ein beliebiges, aber festes n. (n ∈ N)

$$\sum_{k=1}^{n+1} (-1)^{k+1} * (k+1)^2 = \sum [(-1)^1 * 1\wedge2] + [(-1)^2 * 2^2] + \cdots$$

$$+ [(-1)^{n+1} * (n+1)^2] = (-1)^{n+1} * \frac{1}{2} * (n+1) * (n+1+1)$$

Induktionsschluss:

$$[(-1)^1 * 1\wedge2] + [(-1)^2 * 2\wedge2] + \cdots + [(-1)^{n+1} * (n+1)^2]$$

$$= \quad (-1)^n * \frac{1}{2} * n * (n+1) + [(-1)^{n+1} * (n+1)^2]$$

$$= \quad (-1)^n * \frac{n^2+n}{2} + [(-1)^{n+1} * (n+1)^2]$$

$$= \quad (-1)^n * \frac{n^2+n}{2} + [(-1) * (-1)^n * (n^2 + 2n + 1)]$$

$$= \quad (-1)^n * \left[\frac{n^2+n}{2} + (-1) * (n^2 + 2n + 1)\right]$$

$$= \quad (-1)^n * \left[\frac{n^2+n}{2} + (-n^2 - 2n - 1)\right]$$

$$= \quad (-1)^n * \left[\frac{n^2+n}{2} - n^2 - 2n - 1\right]$$

$$= \quad (-1)^n * \left[\frac{1}{2}n^2 + \frac{1}{2}n - n^2 - 2n - 1\right]$$

$$= \quad (-1)^n * \left[-\frac{1}{2}n^2 - \frac{3}{2}n - 1\right]$$

$$= \quad (-1)^n * (-1) * \left(\frac{1}{2}n^2 + \frac{3}{2}n + 1\right)$$

$$= \quad (-1)^{n+1} * \left(\frac{1}{2}n^2 + \frac{3}{2}n + 1\right)$$

$$= \quad (-1)^{n+1} * \frac{1}{2} * (n^2 + 3n + 2)$$

$$= \quad (-1)^{n+1} * \frac{1}{2} * (n+1) * (n+2) \qquad \text{q.e.d.}$$

5.2 Beweise: $n^2 < 3^n$

<u>Induktionsanfang:</u>

setze n=1

$$1\hat{}2 < 3\hat{}1$$

$$\boxed{1 < 3}$$

<u>Induktionsvoraussetzung:</u>

$$n^2 < 3^n$$

<u>Induktionsbehauptung:</u> Die Behauptung gelte für ein beliebiges, aber festes n. (n ∈ N)

$$(n+1)^2 < 3^{n+1}$$

<u>Induktionsschluss:</u>

$$(n+1)^2$$

$$= \quad n^2 + 2n + 1$$

$$n^2 + 2n + 1 < 3^n + 2n + 1 < 3^n + 2n + 3^n < 3^n + 3^n + 3^n$$

$$= 3 * 3^n$$

$$= 3^{n+1} \qquad \text{q.e.d.}$$

6. Schluss

Es war nicht einfach, das Verfahren der vollständigen Induktion auf nur 12 Seiten zusammenzufassen, da es sehr viele Informationen und zahllose Beispiele für dieses Thema gibt. So kann man die vollständige Induktion zum Beispiel auch in der Geometrie anwenden oder das Verfahren auch auf den Bereich der negativen Zahlen erweitern, worauf ich in meiner Arbeit jedoch nicht eingegangen bin.

Das Ziel meiner Facharbeit war es, das Beweisverfahren möglichst einfach und verständlich, aber gleichzeitig natürlich auch mathematisch richtig zu übermitteln. Daher habe ich mich zunächst auf einfachere Beispiele beschränkt, wobei die Beweise, die ich selbst erarbeitet habe dagegen schwieriger waren.

Die Rechenbeispiele, die ich aus Büchern entnommen habe, habe ich durch eigene Zwischenschritte vereinfacht und damit erläutert, da mir dies sinnvoller erschien, als die Rechnungen in einem Fließtext zu erklären.

7. Quellen-/Literaturverzeichnis

- Bibliographisches Institut GmbH: Duden online; Herkunft „Induktion".
  URL: http://www.duden.de/rechtschreibung/Induktion (Stand:
  12.3.2012).
- Wohlgemuth, Martin: Mathematisch für Anfänger. Heidelberg[2] 2011, S.40;
  S.41; S.45; S.53; S.57.
- Walz, Guido (Red.): Lexikon der Mathematik. 6 Bde. Heidelberg/Berlin[1] 2001.
  Band 3; S.156.

8.Versicherung

Hiermit versichere ich, dass ich die Arbeit selbstständig angefertigt, keine anderen als die angegebenen Hilfsmittel benutzt und die Stellen der Facharbeit, die im Wortlaut oder im wesentlichen Inhalt aus anderen Werken entnommen wurden, mit genauer Quellenangabe kenntlich gemacht habe.

Verwendete Informationen aus dem Internet sind dem/der Lehrer/Lehrerin vollständig im Ausdruck zur Verfügung gestellt worden.

Ich bin nicht damit einverstanden, dass die von mir verfasste Facharbeit in der Schulbibliothek anderen zugänglich gemacht wird.

Ort, Datum

Unterschrift

Anhang

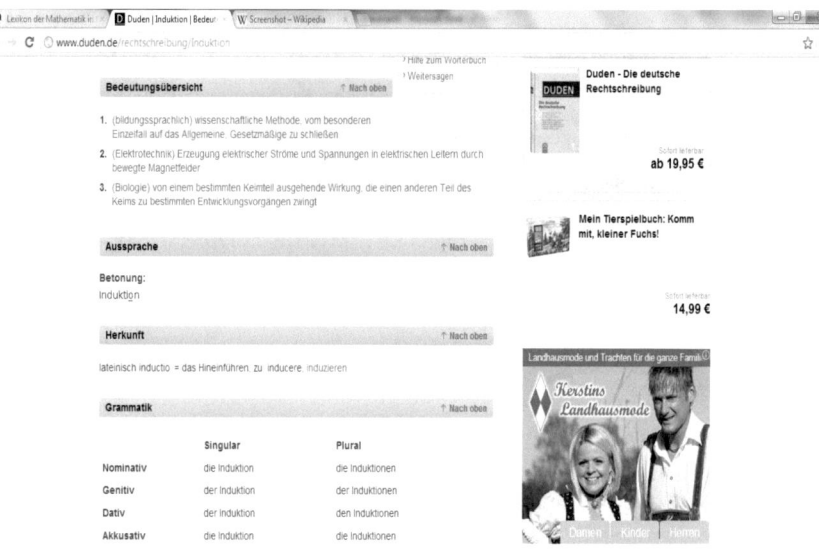